埼玉から山口へ猫捜しの旅

防府のみなさん、ありがとう

はっとりみちこ
Hattori Michiko

文芸社

埼玉から山口へ 猫捜しの旅

防府のみなさん、ありがとう

◎

もくじ

私と猫たちの暮らしの始まり

ミーちゃんが我が家に来たのは平成八年頃です。

その三年前からすでに我が家にいた、チンチラシルバーのオスのレオちゃんのお嫁さんとして、千葉県に住むチンチラシルバーのブリーダーさんからもらい受けました。

そのきっかけは、私の住む埼玉県のとあるスーパーの掲示板にあった「子猫さしあげます」の張り紙でした。連絡をしてそのお宅にうかがうと、生後二ヵ月くらいの子猫が四匹ほどいて、それぞれが部屋の中で動きまわっていました。

その中で、しっぽにかけて灰色が濃い、シルバーの毛並がきれいな子が私の目を引きました。その子がミーちゃんです。私は、まるでミンクの毛並のような感じのこの子に決めました。

ミーちゃんはレオちゃんのお嫁さんとして我が家に来ましたが、最初は二匹ともよそよそしく、一定の距離を置いているようでした。それでもだんだんと慣れてきて、一緒にごはんを食べたり、すり寄ったりするようになりました。

その頃、レオちゃんは我が家に来て三年目で、人間でいえば三十五〜四十歳くらいの男盛りのいい年頃だったので、レオちゃんの子どもがほしくて、ミーちゃんが来る前にも、メス猫ちゃんとかけ合わせ、子どもができたらその子を我が家の猫ちゃんとして育てるつもりで、お嫁さんを探していました。新聞のペット情報で知った、チンチラシルバーのメス猫をお持ちのお宅に、お見合いのためにレオちゃんを連れてうかがったこともありました。

そのお宅のメス猫は、私が今までに見たことがないくらい美しく、手入れもよくされていて、どことなく品格もあり、すばらしいたたずまいでした。ところが、我が家のレオちゃんを見ると「フー！　フー！」と威嚇音を出し、「ニャオニャオ！」と鳴き声をあげ、それはまるで「そばに寄らないで！」と言っているようでした。

レオちゃんは、閉め忘れた戸の隙間からよく脱走し、一度いなくなると一週間や二週間は帰ってこないという猫でした。家に帰ってきたときは、泥だらけ、毛玉だらけで、毛には木の小枝や葉っぱがついています。見た目はノラ猫そのものですし、それに行儀も悪いのです。このお見合いのときには、さすがにある程度はきれいにしてうかがいましたが、レオちゃんが近づくと、どうしてもメス猫ちゃんが怒ります。それでとうとう飼い主さんが、「相性が悪いみたいですね」とおっしゃり、お見合いは大失敗となったのでした。

帰りぎわに飼い主さんは、さらにこうおっしゃいました。

「うちの猫ちゃんが、『レオちゃんは汚いし、気が合わない』って言っています」

猫好きでないと、この話は不思議に思われるかもしれませんが、猫を飼っている人には、猫の言っていることがわかるのです。

そんなこともあり、本格的にレオちゃんのお嫁さんを探すことになったのです。

ミーちゃんが我が家に来た当初は、まだ生後二ヵ月くらいの子猫でしたが、月日が経つとともに大人になり、レオちゃんにもすっかり慣れてきました。そして、レオちゃんもミーちゃんをメスとして認めるようになり、脱走もあまりしなくなって落ち着くようになりました。

さらに、ミーちゃんは誰にも教わっていないのに、レオちゃんの前で寝ころがって求愛の仕草をするようになったのです。レオちゃんはペットショップで買ってきた猫なので、最初はびっくりしてどうしていいのかわからないようでしたが、だんだんと慣れてきて、ミーちゃんからの求愛を受け入れるようになりました。

猫たちの交流は、さかりが終われば両方とも近づきもせず、ミーちゃんにいたっては、レオちゃんが近づくと「フー！」と威嚇して嫌うほどです。オスは年に何回か発情期があり、そのときは夜も昼もしつこくメスにせまります。メスも受け入れる準備ができると応じますが、その時期が済むとそっけないものです。猫のオスメスの世界を知らなかった私も、ずいぶん勉強させてもらいました。

そしてミーちゃんは妊娠しました。ミーちゃんは普通のチンチラよりも体が小さいほうだったので少し心配でしたが、やがて無事に四匹の赤ちゃんを出産しました。ミーちゃんはもちろん、私にとっても初めてのお産だったので、私は無我夢中でミーちゃんの手助けをしました。けれどミーちゃんはおどろくほどに落ち着いていて、とても感心しました。

当時、私は仕事をしていたので、会社から帰ってくるといつもすぐにミーちゃんたちの寝床をのぞき、バスタオルの中で可愛い赤ちゃんたちが動いているのを眺めていました。赤ちゃんたちは、ミーちゃんのお乳を吸っていました。

産まれた四匹の子猫のうち、一匹は我が家に置いて、あとの三匹はそれぞれもらい手が見つかりました。家に残った子猫はオスで、チャコちゃんと名付けました。

しばらくの間、レオちゃん、ミーちゃん、チャコちゃん親子の幸福な毎日が続きましたが、ある日、レオちゃんがまた家から脱走して、家の近くで車にはねられて死んでしまったのです。近所の方が教えてくださり、急いで現場に行きましたが、助かりませんでした。レオちゃんは外が大好きだったので、仕方がないことでした。

それからしばらく時が過ぎ、やがてチャコちゃんも立派な大人になりました。チャコちゃんはチンチラシルバーの中でもイケメン猫だと思います。チャコちゃんをだっこすると私のほうに顔を向けるのですが、そのブルーがかった瞳で見つめられると、可愛いくてなんとも言えない気持ちになります。

そのチャコちゃんが、ある日、うかつにもミーちゃんとさかってしまったのです。

そして、二匹の間に、三匹の子猫が産まれました。

この時期、我が家には五匹のチンチラシルバーがいて、ミーちゃんは子どもを産んでも元気だし、チャコちゃんも若くて元気なので、それぞれが家の中で活発に動きまわっていました。しかも、ミーちゃんは子猫にお乳をあげるのでお腹がすくため、ごはんを食べるときにイライラしていて、チャコちゃんや子どもたちにケンカをふっかける状態が続いていました。

私はというと、五匹のフワフワとした毛が舞う中で喘息になってしまい、仕事中に咳が出て止まらず、困っていました。毎日咳に悩まされて少し精神的に参っていたし、掃除機をかけ続ける日々がストレスにもなっていたようで、「次々と子どもを産むミーちゃんがすべての原因だ！」と思うようになってしまったのです。

その頃はミーちゃんも私に全然なつかなくなっていたし、ミーちゃんをどこかにあげてもいいのではないか……とすら思うようになりました。そして、ミーちゃんを引き取ってくれる業者がいないかと考えるようになったのです。

新聞や電話帳を調べて業者を探すと、買い取ってくれるという栃木県のペットショップを見つけたので、血統証を付けて引き取ってもらうことにしました。

キャリーバッグにミーちゃんを入れ、車で店に向かうと、血統証が付いているので快く買い取ってくださり、私はミーちゃんに挨拶もせず、空のキャリーバッグを持ってそそくさと家に帰りました。

わずかなお金が欲しくて売ったわけではありませんし、これが私が望んだことなのですから、これでよかったはずなのに、帰り道の車の中で、なぜか涙が止まりませんでした。

家に帰り着いてからも、茫然として何も手につきません。もう乳離れしているはずの子猫が、オスのチャコちゃんのお乳をまさぐって吸おうとしていました。チャコちゃんも寂しそうにしていました。

その夜は何か落ち着かなくて眠れませんでしたが、私は「これで毛の心配もなくなって喘息もおさまるんだから」と自分に言い聞かせました。子どもを産み続けるミーちゃんがいなくなったのですから……。

二、三日、そんなもやもやとした状態で過ごしていると、四日目にどうしてもミーちゃんのことが気になり、ミーちゃんは我が家にはなくてはならない猫なのだと気がつきました。私は、「やっぱりミーちゃんを返してもらおう」と思い、栃木のペットショップに電話をかけました。

「すみませんが、先日預けたチンチラシルバーのミーちゃんを返していただけませんか？」

すると「いいですよ」という返事だったので、お金もお返しするということで、土曜日に引き取りに行くことになりました。

土曜日の朝、車にキャリーバッグを乗せて栃木に向かうと、ペットショップの方からは、

「こんなことなら、最初から預けなければよかったのに」

と言われました。たしかにそのとおりです。

お金をお返しし、ミーちゃんのところに案内してもらうと、ミーちゃんは大きなガラスのケースの中にいて、なぜかチョッキを着せられていました。

どうしてチョッキを着ているのかと思ったら、毛玉がひどいのでバリカンで毛を刈ったため、寒いので着せているということでした。

ミーちゃんは怪訝そうな顔をして、ガラスケースの中から私を見ていました。そのとき、私の目から涙が出てきました。私は、なんという愚かなことをしたのでしょう。ミーちゃんを出してもらい、キャリーバッグの中に入れました。

そのとき、私はうっかりしていて、ミーちゃんの血統証を返してもらうのを忘れてしまいましたが、ペットショップの方も何も言いませんでした。とにかくミーちゃんを返してもらえればいいので、血統証はもうどうでもいいことでした。

栃木から我が家までは約二時間。家に着いて玄関のドアを開け、上がり口にキャリーバッグを置いてミーちゃんを出すと、ミーちゃんは階段の下でしばらく家の中のにおいをかいでいました。

すると、階段の上からチャコちゃんが出迎えに下りてきて、二匹はまず最初にお互いの鼻でにおいをかぎ合っていました。ところがそのあと、ミーちゃんがチャコちゃんに「フー！」と威嚇をしたのです。どういう意味の威嚇なのかはわかりませんでしたが、ミーちゃんは階段を駆け上っていきました。二階の一室が猫たちの部屋なのです。

私とチャコちゃんが、あとを追って二階に行くと、ミーちゃんは自分がいつも寝ている場所のにおいをかぎ、そこに座って毛づくろいを始めました。そして、ようやく安心した顔になったので、私もそれを見てほっとしました。

「ミーちゃん、ごめんね。もう二度と捨てないからね」

私がそう言うと、ミーちゃんは私の顔をえぐるようにジッと見つめました。

「私はずーっと、ここにいていいのね？　もう二度と私を捨てるようなことはしないで！」

と言っているようでした。

ミーちゃんを栃木のペットショップに預ける前に、産まれた三匹の子猫のうち二匹は、欲しいという方々にもらっていただいていたので、これでチャコちゃん、ミーちゃん、そして残ったオスの子猫のマリオちゃんの三匹、それと私の生活が始まったのでした。

埼玉から北九州へ、亡き母の家に

北九州に住む私の母が亡くなってから、しばらく月日が経ちました。遺品の整理や家の掃除もしなければならないので、長い間空家にしていた母の家に、埼玉県から猫三匹を連れて、車で帰ることにしました。車は赤色の四輪駆動車です。

大きめのペット用のケージに猫三匹を入れ、水、ごはん、トイレの砂、そして私と猫たちの身の回りの品々、母の形見の品々、北九州に嫁いだ私の娘へのおみやげなどを積み込むと、車の中はいっぱいになりました。

平成十一年五月、東京の有明のフェリー乗り場から、車ごとフェリーに乗り込みました。このフェリーは徳島と新門司に止まるので、徳島の港で降りて、そこから陸路を車で北九州に向かう予定です。

船は一晩中揺れましたが、すがすがしい朝を迎え、徳島に着きました。

フェリーを降り、そこからカーナビに任せて尾道大橋をめざしましたが、橋を渡っている途中で眠気がさしてきてしまい、少しうつろになった私は、左車線の少し後方を、私の車と並行して走っている軽自動車に気がつきませんでした。私の車は車高が高いので、ちょうど死角に入っていたらしく、サイドミラーに映らなかったのです。

私が左に車線変更しようとしたそのときに、ぶつかりそうになって軽自動車に気がつき、びっくりして眠気がさめました。乗っていたのは、お年を召したご夫婦のようでした。

そんなこともありましたが、無事に尾道の市街に入り、途中、おいしいうどんを食べたりしながら、広島をめざしました。

夕方、やっと広島市街に入り、初めての広島なので、とりあえず広島駅に行き、駅の近くのホテルか旅館を探すことにしました。三匹の猫たちには、ケージのまま車の中で過ごしてもらいます。

広島駅の裏側にあるホテルがとれたので、ここで一泊することにして、猫たちはホテルの駐車場に止めた車の中にいてもらいました。

次の日の朝もすばらしいお天気だったので、北九州に向かう前に原爆ドームを見ようと思い、カーナビで探して見学に行きました。原爆ドームでは、さすがに身が引き締まる思いでした。月並みですが、この悲しみをくり返してはいけないと思いました。そのあとは、市電の走っている広島市街を抜け、一路、九州に向かいました。関門トンネルを渡って無事九州に入り、北九州の母の家に着いたのは午後四時頃でした。

着いてまっ先に猫たちを家の中に入れてあげると、三匹は不思議そうな様子でおそるおそる動きまわっていました。

翌朝から張り切って掃除、整理を始めました。長い間、閉め切られていた家はカビ臭く、たんすの中の衣類は、ほとんどがいたんでいました。家具、衣類など、山ほど捨てました。

庭には草木が生え放題で、ジャングルのようでした。ご近所にもずいぶん迷惑をかけていたのではないでしょうか。申し訳ないことです。それからは毎日毎日、草刈りをして、枝の伐採をして、車に積んでゴミ処理場に何度も運びました。

一ヵ月ほど頑張って掃除と整理をした結果、やっと人並の家らしくなりました。北九州に嫁いでいる娘にも会い、ゆっくり話もできたし、東京にいる息子の結婚式が近くなっていたので、その準備もあり、そろそろ埼玉に戻ることにしました。

夜に出発するか、朝に出発するか、少し迷っていましたが、出発の前日にも娘に会い、次の日の夜、猫たちをケージに入れ、トイレの砂、水、ごはんを用意し、お仏壇に手を合わせ、「どうか無事に埼玉にたどり着けますように」と祈りました。

六月の初め頃だったでしょうか、夜十一時頃、私は北九州の母の家を出発しました。とりあえず大阪方面まで休み休み行けば、なんとかたどり着くのではないかと、安易な考えでちゃんとした計画も立てずの出発でした。

迫りくる大型貨物トラック

関門トンネルを抜け、中国自動車道に入り、夜中の十二時近くに最初のサービスエリア美東SAに着きました。

深夜なので、駐車場に止めてある車はまばらでした。私はトイレをすませて、自動販売機で飲み物を買い、レストランのほうに行ってみましたが、すでにレストランは閉まっていました。パンかカップ麺の自動販売機はないかな……と思ってホールのほうへ行くと、お酒に酔っているらしい男性の客が五、六人座っていて、一人は長イスで寝ていました。

こちらが女性一人と見ると、彼らはいろいろと話しかけてきましたが、私は無視しました。それでもあまりにしつこくしてくるので、いくらおばさんでも少し身の危険を感じ、早々に駐車場の車に戻り、男性たちが追いかけてくるのではないかと思ってドアにロックをかけ、静かに身をひそめていました。猫たちも心配そうな顔をして、ケージの中から私を見ていました。とりわけミーちゃんが、じっと私の目を見ていました。

実はこのSAで夜を過ごし、朝になってから出発しようと思っていたのですが、ここにいて何かあったらいやだな……と思い、さっさと出発することにしました。猫たちは、ケージの中でごはんを食べて元気だったのですが、何か落ち着かない様子でした。

本線に戻り、中国自動車道を大阪をめざして進み、しばらくは二車線の左側をキープして走っていました。他に走っている車はほとんどなく、暗闇の中、コンクリート製の側壁が続いていました。

ふと、一台の大型貨物トラックが、遠く後方から少しずつ私の車に迫ってくるのが見えました。だんだん近づいてきましたが、右側の追い越し車線はすいているのですから、当然、私の車を追い越していくだろうと思っていました。そのときに走っていたのは、私の車とその大型貨物トラックだけでした。

ところがトラックは、私の車にだんだん近づいてきたかと思うと、後方からときどきパッシングをするのです。「早く追い越してくれ！」と思いながら、しばらく追いかけられつつ走っていましたが、だんだん怖くなってきて、「これは、わざとだな」と思いました。トラックの運転手は、ときどきこちらに近づいてきては、運転している私を後ろからのぞいて見ているようでした。やがて車間距離も取らずぴったりと私の車の後ろにくっついたので、「これは本当にわざとだな」と確信しました。

私は「早く追い越して欲しい！」という思いから、減速してみました。減速すれば追い越してくれるだろうと思ったのです。

前に見たアメリカ映画の、どこまでどこまでも追いかけてくる巨大なトレーラーのシーンが、ふと私の頭をよぎり、とても怖くなりました。そして次の瞬間、パーン！と音がして、音とともにハンドルが左に切れたのです。大型貨物トラックが私の車の後ろ右角に当たったようで、トラックは当てたあと右車線に逃げていきました。

私はハンドルを強くにぎりながらしっかりと前を見ていたつもりですが、車の向きが自然に左に行ってしまい、とうとうコンクリートの側壁に一回ぶつかりました。右にハンドルを切る余裕はなく、私は生まれて初めて追突されたショックで呆然としていました。

それから何回も側壁にぶつかり、とうとう側壁に乗り上げそうになりました。すると、高速道路の真下を交差する一般道に、ライトをつけた車が何台も走っているのが見えました。高速道路から七、八メートルくらい下の一般道に車ごと落ちれば、私は間違いなく死ぬでしょう。それに、一般道を走っている車に乗っている人も巻き添えにしてしまったら、本当に申し訳ないことになってしまいます。

でも、私自身にはどうすることもできず、暗闇の中で息が止まりそうでした。たぶん、死ぬときというのはこういうものなのではないかと思い、私は覚悟を決めました。そのとき、なんともいえない静寂に包まれた気がしました。

消えた猫たちを助けて！

私の車は左側の側壁に乗り上げたあと、右側に一回転し、そのおかげで下の一般道には落ちずに、高速道路の中央分離帯のほうに頭を向けた形で斜めに止まりました。例の大型貨物トラックは三、四百メートルほど前方に止まっていましたが、車体に書かれている会社名も見えないし、もちろんナンバーも読み取れません。あとからわかったのですが、トラックは前面の左側のライトが壊れて消えていました。その状態では長く運行はできないし、また私の車の事故の相手として警察に捜されれば逃げられないと思ったのでしょう。

呆然としながらも後ろを見ると、ぶつけられたショックで、車のバックのドアが開いていました。もちろんガラスも壊れ落ちていました。

ケージの中に入れられていた猫たち、ミーちゃん、チャコちゃん、マリオちゃんは……と見ると、事故の衝撃でケージの角がゆがみ、隙間が開いていて、そこから最初にミーちゃんが素早く飛び出していきました。それに続くようにチャコちゃんも出ようとしていたので、私は急いでシートベルトをはずして運転席の背もたれを倒し、手を伸ばしてケージの外に出たチャコちゃんのシッポをつかみました。チャコちゃんは一瞬、私の顔を見ましたが、そのシッポは、するりと私の手から抜けてしまいました。

車から飛び降りたミーちゃんとチャコちゃんは、左側の側壁の上を広島方向に向かって十四、五メートルほど二匹連なって走り、側壁の向こうの木の茂みのところに下りるのが見えました。暗闇の中でしたが、月明かりと車のライトでかすかにわかりました。あたりは静まりかえっています。

私は急いで車の外に出て、ミーちゃんとチャコちゃんの名前を呼びました。言いようのない悔しさが込み上げてきました。面白がって追いかけていた大型貨物トラックは、前方に止まったままです。

私は車の中に戻り、呆然としていました。すると後方から一つの光が近づいてきました。大手運送会社の大型トラックでした。私の車の破損した部品が道路に散らばっていたので、中央分離帯を向いて斜めになって止まっている私の車とともに、大型トラックの運転手さんが気がついたようで、私の車の手前五、六メートルのところで止まってくれたのでした。私は助手席のシートに置いたはずの携帯電話を探してみましたが、見つかりませんでした。車の中は、衝突のショックで荷物が散乱していて、カーナビも飛んで足元に落ちていました。

大型トラックの運転手さんが降りてきて、私の車の中をのぞき込んで言いました。

「このままじゃ危ないから、中央分離帯のほうへ車を寄せますから」

私のためにすごい渋滞を起こしてしまうことになりましたが、後続の車の運転手さんたちが続々と車から降りて私の車の周りに集まり、五、六人の方たちが車を押して中央分離帯に寄せてくださいました。二台の事故車の状態を見て、これはただの追突事故ではないと、運転手さんたちはうすうす悟ったと思います。道路はすいていて、車は二台しか走っていなかったのですから……。

私が中央分離帯のコンクリートの段のところに座り込んでいると、そうこうしているうちに高速警察が駆けつけてきて、「救急車は、すぐ来ますよ」と言いました。そして、はるか遠くに止まっていた加害者（あえてこう言います）の三十歳くらいの男

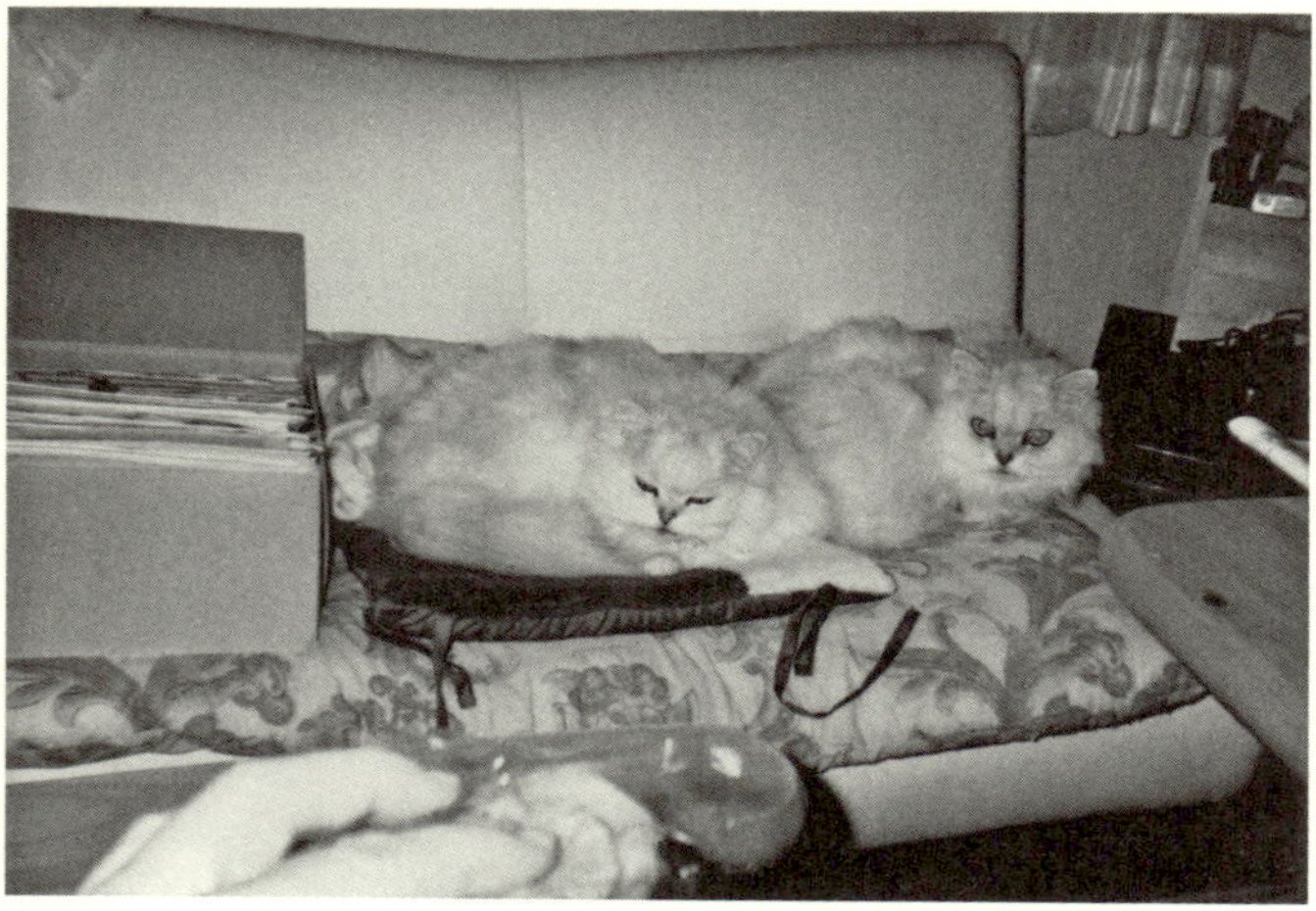

性がやってきて、「すみません」と謝りました。

謝りに来た運転手に、私は語気を荒げてこう言いました。

「あんた、パッシングして、追いかけまわして、これで私が死んだら、あんたは捕まるはずだったのよ！」

そして私は興奮したまま、運転手の隣に立っていた男性にしがみつき、

「猫が逃げてしまったんです！　どうか助けてください！」

と言いました。

私に追突したトラックに乗っていたのは、実は一人ではなく二人でした。私が

しがみついたその男性がもう一人だったのです。まさか運転手と一緒に乗っていた人だとは思わずにお願いをしてしまいましたが、あとから思うとあほらしいことをしたのでした。その男性も、運転手と一緒になって、おもしろがって私を追いかけていたのですから。男性は私にしがみつかれたまま黙っていました。

あとから運転手は警官に、

「ライターを下に落としたので、それを拾っていました」

と言っていましたが、それは通らない話です。私が死んでいれば、その嘘も通ったかもしれませんが。

隠れていたマリオちゃん

私は、やっと車内で見つけた携帯電話で、娘の嫁ぎ先に事故の一報を知らせました。夜中の一時頃だったと思いますが、娘婿が出てくれたので、今いる場所を知らせて、とりあえず来てくれるのを待ちました。

高速警察の方たちが散らばっている破損品を片づけて、車が通れるように整備していました。そうこうしているうちに救急車が来たので、私は警察の方に、

「すみませんが、猫たちが逃げたので、捜していただけませんか？　あの茂みに逃げたんです。私は猫が見つかるまで、ここを離れたくないのです」

と訴えました。けれど、

「でも奥さん、そうも言ってられないので、早く救急車に乗りなさい」

とうながされてしまいました。このとき、グズグズ言って救急車に乗らなかったのは、本当に申し訳ないことをしたと思います。

私は、自分の赤い車と散らばった破損品をあとに、貴重品の入ったバッグだけを持って救急車に乗り込みました。生まれて初めて救急車に乗りましたが、なんとも言えない気分でした。枕は低くて硬くて、あまり寝心地はよくありませんでしたが、横についてくれていた隊員はやさしい方でした。隊員の方も一生懸命にやってくださったのに、救急車に乗るまでにずいぶん時間をかけてしまって本当にごめんなさい、と思いました。

救急車はスピードを出して高速道路を走っていきました。私は横になっているし、あたりは真っ暗なので、どこを走っているのかはわかりませんでしたが、高速道路を下りたところなのか、救急車が急にUターンのように曲がったときに、すごく気分が悪くなり、吐きそうになりました。そして、不安と絶望感で体がふるえてきました。その様子を見て、若い隊員さんが私の右手をそっとにぎってくれて、なんだか安心しました。

私は山口県の大きな病院に運ばれ、救急口から中に入り、歩けるので歩いてベッドのところまで行って横になりました。そこは救急室ではないようで、看護師さんが声をかけてくれて、「すぐに先生がいらっしゃいますから」と言われました。

しばらくして先生がいらっしゃり、私の顔をのぞき込み、足を持ち上げたり、胸の診療をしたりしたあと、着ていたTシャツをめくると、お腹のところに、カーナビが飛んだときにぶつかったのか、青いあざができていました。そのあとレントゲンを撮りましたが、どこにも異常はないようで、少し安心しました。

けれど、しばらくは安静にしているように言われ、先生も看護師さんも部屋から出ていき、私はベッドがいくつか並んだ部屋に、たった一人になりました。

夜中の二時か三時頃だったでしょうか。だんだんと時間が経つとまた不安が増してきて、私は携帯電話だけはしっかりとにぎりしめていたので、何度も娘に電話をかけました。ですが、なかなか出てくれません。一度だけ通じたときには、「もうすぐそちらに着くから」という返事でした。落ち着かない気持ちで、時間が経つのが本当に遅い気がしました。

あとから聞いた話によると、娘と娘婿と義父の三人は、高速道路からレッカー車で運ばれた私の車に残された荷物の整理をしてくれていたようです。車には、母の位牌や私の衣類、後ろの座席にはアルミ製の猫のケージを乗せ、ケージの上には毛布をかけていました。そして、ケージから垂れている毛布をめくってみると、後部座席の足元に、もう一匹の猫、マリオちゃんが隠れていたというのです。事故からは十時間以上も経っていたのに、マリオちゃんはひたすらおびえながら隠れていたのでした。

マリオちゃんは、ミーちゃんとチャコちゃんの間にできたオス猫です。ミーちゃんの先夫のレオちゃんは亡くなっていますが、レオおじいちゃんによく似た猫です。マリオという名前は、有名なテレビゲームの主人公から取りました。

ずっと車に隠れていたおかげで運よく発見され、無事に娘たちに保護されたマリオちゃん。事故のとき、私は逃げてしまった二匹の猫のことしか頭にありませんでしたが、もう一匹、マリオちゃんも乗っていたわけで、マリオちゃん発見の一報を受けたときは、本当にうれしかったです。

ちなみに、私の車は廃車処分になりましたが、この車のおかげで私は無傷で助かったと思っています。以前、運送会社でパートで働いていたとき、私と同じような四輪駆動車に乗っていた人が、普通の乗用車と衝突した際、車が頑丈にできていたおかげで怪我もなく助かったという話を聞きました。

娘たちが病院に私を迎えにきてくれたあと、私は娘が嫁いだ家に行き、そのまま一週間お世話になってしまいました。その間、病院でさらに精密検査をして、異常がないことがわかりました。

私は、母の形見の外国製の腕時計を左の手首にしていましたが、事故のときにカーナビが飛んだ際に左手首に当たったようで、腕時計の鎖が切れていました。シルバーの鎖ですから、ちょっとやそっとでは切れないと思うのですが、手首は無傷のまま、腕時計は運転席の足元に落ちたようで、娘たちが車内の荷物を整理しているときに発見してくれました。手首を怪我していたら大変なことになっていたと思いますが、鎖だけ切れるなんて、不思議な出来事です。

娘たちのおかげで、車に残っていたものはすべて無事に手元に戻りました。猫も、マリオちゃんだけでも見つかって、本当に涙が出るほどうれしかったです。けれど、ミーちゃんとチャコちゃんは、依然行方不明のままでした。

全面的に認められた過失

事故から三日後に、事故の件で話があるとのことで、高速警察の事務所にうかがうことになりました。私は娘婿が運転するワゴン車の後部座席に座っていたのですが、後ろから大きなトラックが迫ってくると、追突されそうな気分になり、思わず顔を伏せたくなりました。

事故現場を通ると、もう破損品などはきれいに取り除かれていましたが、コンクリートの側壁には、私の車が何回もこすった赤い塗料が残っていました。

高速警察の事務所に着くと、警官から事故の詳細な内容を聞かされました。相手方は長崎県の運送会社の大型貨物トラックで、乗っていたのは二人。全面的に過失を認めているとのことでした。私のほうからは、相手がわざと近寄ってきて、パッシングをしながら追いかけてきたこと、追い越し車線が空いているのに追い越していかなかったこと、私の車の速度が落ちたために衝突したらしいこと、衝突されて死の恐怖

を味わったことなどを話しました。
「相手を処罰しますか？」との警官からの問いかけに、私はしばらく考えましたが、「処罰しません」と答えました。相手方が非を認めていることと、相手方の保険会社から連絡があって全面的に保障するとの話もあったので、もう事故のことは一刻も早く忘れて、私はこれから先に進みたかったのです。逃げてしまった猫たちを、捜しに行かなければならないのですから。
事故当時、私は高速警察の方たちに「早く猫を捜して！」とわめいていたので、警官たちも困ったそうです。申し訳ないことをしてしまいました。私は、事故のことはあとは保険屋さんに任せることにして、高速警察の方たちにお礼を申し上げて事務所を出ました。

そのあとは娘婿の運転で高速道路に戻り、事故現場からすぐのインターで下りて、高速道路の真下を通る一般道に行ってもらいました。私たちはそこで車を止めて降り、道路の周辺にある土管の中や、木の茂み、物置小屋など、猫の隠れていそうな場所を、みんなでミーちゃんとチャコちゃんの名前を呼びながら捜しました。

しばらく名前を呼び続けましたが、反応はありません。もうこの辺にはいないようでした。

日を改めて捜すことにして、また高速道路に乗って北九州に向かう帰り道、私は周りの景色を目をこらしながら見つめ、白い猫はいないかと捜しました。山口県の防府の野山の緑が、美しくあざやかでした。

防府、猫捜しの旅

事故の警察関係の処理も終わり、加害者側との保険交渉も始まり、私の体も首のあたりに軽いむちうちはあるものの、ほとんど異常なしとのことで、私はひとまず埼玉の自分の家に帰ることにしました。

自宅に帰ってからは、事故に関する書類の提出や、首の違和感で整骨院に通ったりと、忙しい毎日でした。一匹だけ残ったマリオちゃんはやがて落ち着きを取り戻し、母猫のミーちゃんと父猫のチャコちゃんのいない部屋でも、元気に過ごしていました。

事故から八日が経った頃、私はマリオちゃんを抱っこしながら、いなくなってしまった二匹の猫のことを思っていました。やはり二匹の猫のことが心配でした。そして急に思い立ち、新幹線に乗って山口を訪ねることにしたのです。

防府駅で降りてバスに乗ると、まず大きな川が見えてきて、立派な大きな橋がかかっていました。その橋を渡ったところでバスを降り、川原を捜してみることにしま

した。なんという川かは知りませんが、川原に下りて、ミーちゃんとチャコちゃんの名前を呼びながら、土手を歩いていきました。

草の茂ったところや木の茂ったところを捜しましたが、白い猫の姿は見当たりません。それから、今度は市街地のほうへ向かいました。防府の市街地は萩に似た町並で、家々の前に小さな水路があり、風情のあるたたずまいを見せていました。この水路で野菜を洗ったり、洗濯をするなど、昔から生活用水として利用されてきたことが感じられます。松江にもそのような水路があり、鯉が泳いでいるのを見たことがあります。

ミーちゃんかチャコちゃんが、そのどこかの家の片隅にひそんでいるのではないか、塀の陰からひょっこりと顔を出すのではないかと思いながら、ここでも二匹の名前を呼びながら歩いていきました。古そうな物置小屋を見つけては、そこに隠れているのではないかと、「ミーちゃん、チャコちゃん」と何回も名前を呼んでみました。本当にのどかで静かな町並で、猫捜しがなければ、観光では来ることのないところだと思いました。

お昼過ぎになって、今度は高速道路の近くの家々のところを歩いていきました。途中、田んぼで農作業をしているおじさんがいたので、

「このへんで、白い毛のふさふさした猫を見かけませんでしたか?」

と聞いてみましたが、「見なかった」と言われ、おじさんと話をしている最中に、田んぼのあぜ道に、どこからか蛇が飛び出してきました。すると、体長七十センチくらいのその蛇に向かって、おじさんが、

「こんなところに出てくるんじゃない!」

と叫びました。蛇があぜ道にかかっている小さな木の橋の下に隠れると、おじさんは今度は、

「そんなところに隠れやがって！」

と言って、その木の橋を鍬でトントンと叩きました。

びっくりして出てきた蛇は、かま首を持ち上げて、蛇なりに困ったような顔をしてキョロキョロとあたりを見回したあと、一目散に逃げていきました。

蛇を鍬で殺めるのではないがおじさんと蛇のやり取りが面白くて、猫捜しの旅に来てる私の心の中は、なんともいえないほっこりした気分になりました。

あたりには、青い空と緑の田んぼ。防府のすばらしい景色が、どこまでも広がっていました。

交番に届けられた白い猫

おじさんと別れたあと、土手のほうに歩きながら、すでに捜索願い（遺失物届）を出してあった交番に携帯電話で電話をしてみました。

「何か連絡はありませんでしたか？」

と聞くと、白い迷い猫の届けがあり、今交番で保護しているとのことでした。

急いで交番に行ってみると、たしかに白い猫がペット用の檻の中に入っていました。毛はまっ白で、目は青みがかっているし、大きさもチャコちゃんと同じくらいです。けれど毛は短いような気がするし、赤い首輪をしているし、違うような気もします。

でも、何日もさまよい歩いてこんなふうになってしまったのかも……とも思うし、どこかの家に保護されて首輪を付けられて、そこからまた逃げ出したのかも……などという考えも浮かぶし、たしかに冬の長い毛を少し短く刈ってはいたので、いろいろと考えてしまい、正直、迷っていました。

さらに、チャコちゃんは気分屋で、自分から私に寄ってくるときもあれば、そうでないときもあり、交番のその白い猫は「チャコちゃん」と呼ぶと寄ってくるのです。警察は、落とし物、たとえばお財布だったら、その中に入っているカード類やお金の額など本人の確認を取れる材料がありますが、動物は飼い主の申告でしか確認が取れません。難しいところです。

交番の若くて体格のいいおまわりさんが、

「よかったら、引き取って様子を見てみたら？」

と言ってくれたので、私も、

「そうですね、様子を見てましょうか」

と言い、内心ではおまわりさんも困っているのかなとも思いましたが、

「違うようでしたら、またお返しに参ります」

と言って、とりあえずキャリーバッグを買いに行くことにしました。家から持ってくればよかったのですが、うっかり忘れていました。

キャリーバッグを買ってまた交番に行き、おまわりさんにお礼を言って猫ちゃんを

バッグに入れましたが、おとなしくてバッグには慣れている様子でした。

それからタクシーに乗って防府駅に向かい、日も落ちてきたので今晩の宿を探しに行くと、幸い駅前のビジネスホテルの部屋が空いていました。私はキャリーバッグが見えないようにして部屋に入りました。

猫ちゃんはトイレを我慢しているようでしたが、お店はもう閉まっていてトイレの砂も買えないので、キャリーバッグの中に新聞紙を敷いて様子を見ましたが、おしっこはしませんでした。バッグから出してみると、どこか落ち着かず、部屋の中を行ったり来たりしていました。

思い立ってまた交番に電話してみると、猫の問い合わせが入っていて、捜している人がいるとのことで、それは白い猫なのだそうです。「じゃあ、きっとこの猫のことだ」と思い、翌朝、キャリーバッグに猫ちゃんを入れてタクシーで交番に行きました。交番では、お互いによく確認をしたほうがいいと言われたので、問い合わせのあった方の住所を教えてもらい、私が猫ちゃんを連れてその人の家を尋ねることにしました。

お宅に着き、「交番から教えていただきました」と猫ちゃんをお渡しすると、やはり捜していた猫ちゃんだったらしく、飼い主さんが「あっ、○○ちゃん！」と名前を呼ぶと、猫ちゃんのほうも馴れている様子で「ニャオ」と鳴きながら縁側から家の中へ入っていきました。

お家の他の方々、おばあちゃんやおじいちゃん、若いご主人やお子さんも、猫ちゃんが帰ってきて本当に喜んでいらっしゃいました。この猫ちゃんがどんなに可愛がられていたか察しがつきます。交番には私から「無事お届けしました」と報告を入れ、私はご家族に見送られながら家をあとにしたのでした。

帰るべき場所に帰れた猫ちゃんは、本当に幸福な猫です。

とりあえず一件落着し、私は空のキャリーバッグを持って町を歩いていき、今度は

高速道路に近いところを捜すことにしました。下水道管の陰に隠れているのではないだろうか……と、名前を呼びながら歩いていきました。

防府は、とても美しい町です。住んでいる人たちも親切でおおらかで、昔の日本のいいところを残しているように思います。ミーちゃんとチャコちゃんも、この防府のどこかのお宅で保護されているのかしら……、ちゃんと食べているのかしら……、ひょっとして、事故にでもあって、もうこの世にいないのかしら……などといろいろなことを考えていました。

そして、この猫捜しの旅をいったんやめて、私は埼玉の自宅に戻ることにしたのでした。

二日間の奇跡

埼玉に帰ってからは、事故の書類を出したり、整骨院に通ったりと忙しい毎日を過ごしていましたが、猫たちを捜し出す何かいい方法はないかと、ずっと考えてもいました。

埼玉に帰る前に、山口県の探偵社に「ペットの行方を捜す方法はありますか？」と聞いてみたところ、費用は一匹七十万円で、「一生懸命、捜しますよ」と言われました。しらみつぶしに捜すので、費用がかなりかかるとのこと。それはそうだろうと思いました。でも、あまり高い金額は出せないし、私も何度も山口県に来る余裕もありません。

そこで、山口県の地元の新聞社に聞いてみることにしました。すると、新聞とは別のローカル紙、たとえば求人案内などの中に、行方不明になったペットを捜す記事をたまに出しているというのです。一文字いくらで文字数によって金額が決まるとのことで、「絵（イラスト）も載せますよ」と言われ、私はそのローカル紙に広告を出すことに決めました。費用は一週五〜六千円だったので、二週出すことにしました。

広告の原稿には、私が山口県の防府あたりで事故にあい、破損した車からチンチラシルバーのミーちゃんとチャコちゃんが逃げてしまったということと、私が描いた簡単な猫のイラスト、そして私の住所と電話番号を書き、『捜していますので、見かけたら連絡してください。お願いします。』という文章にしました。

すでに少し諦めの気持ちはありましたが、やるだけのことはやったので、このまま二匹の猫たちと永遠に会うことができなくても、納得するつもりでいました。けれど、埼玉に帰ってから三週間経っても、やはり二匹の猫たちのことは頭から離れませんでした。ときどきチャコちゃんが夢に出てきて、青い目で私のほうをじっと見つめていました。

四週間目のある日、電話がかかってきました。六月二十五日、土曜日の昼過ぎのことです。山口県の防府のお宅の物置き小屋の床下にもぐって隠れている、白い毛の長い猫がいるとのことでした。いつもは物置き小屋の下の下にもぐり込んでいて、ごはんのときになると、家の中に入ってくるそうです。電話の向こうからは、猫の鳴き声が聞こえていました。ちょうどごはんをもらっているのか、電話のそばで鳴いているようでした。電話をしてくださったのは、そのお宅の息子さんで、「とても人に慣れている」と話してくださいました。

もしチャコちゃんだったら、春夏に向けて長い毛を短く刈り、しっぽは先端だけは長い毛を残していたので、まるで志村けんさんのバカ殿様のチョンマゲのようになっているはずです。私が、その猫のしっぽの形はこんなふうですか？　と聞くと、そうだということなので、チャコちゃんだと確信を持ちました。

そのお宅の住所と電話番号、お名前をうかがって、「近いうちに迎えに行きます」とお礼を言いました。

電話をかけてくださった息子さんの足元に、チャコちゃんがすり寄っている光景が目に浮かび、私はその夜、とても興奮して眠れませんでした。

そして、次の日のお昼頃のことです。また電話が入り、今度はミーちゃんの情報でした。建設会社を経営している女性社長さんからで、場所を聞くと、チャコちゃんが

いるお宅とは全然離れていました。二匹は一緒ではなかったのです。

ミーちゃんは普通のチンチラよりも少し体が小さくて、お腹のあたりに丸く、濃い灰色の毛があります。チャコちゃんと同じように、毛は短く刈ってあり、しっぽの先の毛は丸く残しています。特徴を聞くとミーちゃんにそっくりで、お腹のあたりが黒っぽい灰色がかかっているとのこと。私はミーちゃんだと確信しました。その社長さんや事務の女性が可愛がってくださっているらしく、夜は社長さんと一緒に寝ているとのことでした。

電話をくださったことにお礼を言い、

「近いうちにうかがいます」と、電話番号と住所、お名前をお聞きしました。

二日続けてチャコちゃん、ミーちゃんの情報があり、本当に不思議な感情に包まれました。防府のローカル紙の情報欄をご覧になって、電話をかけてきてくださるとは、神様は存在しているんだと思いました。こんなことがあるなんて！ と本当に興奮してしまい、またまた眠れない日になりました。

いつ訪問しようかと決めるのも、わくわくします。まず、防府駅に着いてからどちらのお宅に先にうかがおうか……と、楽しい段どりを考えてみました。同じ日に二匹とも受け取りに行かなくてはなりません。チャコちゃんとミーちゃんに会える！ という気持ちは、どんどん高まるばかりでした。

可愛がられていたミーちゃん

最初のお電話をいただいてから三日後の六月二十八日、私は新幹線で東京から防府に向かいました。もちろんキャリーバッグを二つ持って。

防府駅で降り、住所をもう一度確認してからタクシーに乗り込み、まずミーちゃんが保護されている建設会社にうかがいました。右側にプレハブの倉庫のような建物があって、左側に事務所の玄関があり、そこを訪ねると、中から女性社長さんが出てこられて、事務所の中に案内してくださいました。

すると、事務所の窓側の隅のほうに、ミーちゃんらしき猫がいました。やせていて小さな体で、お腹の真ん中あたりの毛が少し濃いめのグレーです。長かったはずのしっぽの毛はだいぶ抜けてしまっているようで、少し短く見えました。

チンチラシルバーには間違いないし、全体的にミーちゃんみたいですが、私が名前を呼んでも鳴きません。けれどその猫は、おそるおそるこちらに寄ってきて、私の足にすり寄ったのです。そして、私の目をじっと見つめました。やっぱりミーちゃんです。私がもう一度「ミーちゃん」と呼ぶと、安心したような表情を見せました。

社長さんがおっしゃるには、一ヵ月ほど前にこの会社の倉庫に来たそうで、他の猫たちに追いかけられていじめられていたとのことでした。ここにたどり着くまでに大変苦労してきたのではないか、とおっしゃっていました。そして、社長さんが見かねて保護したあとは、社長さんになついて、日中は会社の事務所で過ごし、会社が終わると社長さんの家に一緒に帰って、夜は社長さんと一緒に寝ていたそうです。

とても可愛がっていただいたようなので、このままミーちゃんを預けて帰ろうかという考えが一瞬、頭をよぎりましたが、せっかく電話をかけてきてくださったのですから、やはりミーちゃんを連れて帰ろうと思いました。社長さんには、本当にありがとうございましたという気持ちでいっぱいになりました。

お礼を言って、キャリーバッグにミーちゃんを入れて、待たせてあったタクシーに乗り、建設会社をあとにして、次のチャコちゃんが保護されているお宅に向かいました。なぜだか涙があふれてきました。

身にしみるやさしさ

チャコちゃんが保護されているお宅は、ミーちゃんが保護されていた会社とは、ずいぶんと離れていました。防府の町はよく知りませんが、大きな道路を挟んで反対側の方向でした。私は、二匹は一緒に逃げたと思い込んでいたので、同じところにいるとばかり思っていました。どこかで離ればなれになったのでしょう。

タクシーの運転手さんは、次の訪問先の住所と名前を告げるとすぐにわかってくださって、スムーズに連れていってくださいました。

チャコちゃんが保護されているお宅は、のどかな田園風景の広がる中にある農家さんで、立派なお宅でした。訪ねると奥様が出てこられて、チャコちゃんがいるという物置き小屋に案内してくださいました。行ってみると、チャコちゃんは物置き小屋の床下に隠れていて、少しおびえているようでした。私が「チャコ」と呼ぶと「ニャーン」という声がしました。聞き覚えのある鳴き声です。

床下から少し顔を出したところを、私が右手で首をつかんで引っ張り出すと、やはりそれはチャコちゃんでした。そのまますばやくキャリーバッグに入れ、奥様にお話をうかがうと、何日か前から物置き小屋の下に住みついていて、ごはんをあげると出てきて「ニャーン」と鳴き、人に馴れている様子で、すり寄ってきたそうです。

チャコちゃんはオスですが、とても性格がやさしくて、争いごとの嫌いな猫です。ミーちゃんは反対に、とても気性が激しくて、人間にはとてもなつくのですが、他の猫とはなじめません。すごく攻撃的です。だからミーちゃんは他の猫たちからいじめられていたのかもしれません。

タクシーの中でミーちゃんが待っているので、奥様にお礼を言って、防府から埼玉にまで電話をかけてくださった電話代として、少しばかりのお金を封筒に用意していたので、その封筒とお菓子を受け取っていただこうと思ったのですが、奥様は、

「あなたも遠くから新幹線に乗ってたくさんお金を使って来たのだから、気を遣わないでいいのよ」

とやさしくおっしゃいました。その言葉を聞いて、私はまた感動してしまいました。

本当に防府の人のやさしさが身にしみました。

奥様と息子さんが見送ってくださる中、チャコちゃんと一緒にタクシーに乗り込み、ミーちゃんとともに防府駅に向かいました。

タクシーの中では、ミーちゃんはチャコちゃんを警戒してか、何度もチャコちゃんに「フー！」と威嚇音を立てていました。親子でも、何日も離れているとそうなってしまうのでしょうか。二匹のそれぞれの放浪の旅が目に浮かぶようでした。

それにしても、防府の人たちはみんななんてやさしいのでしょう。新聞広告を見て、お電話をかけてきてくださり、ミーちゃん、チャコちゃんを保護してくださっていたお宅は二軒ともとてもいい方で、私はとても感動しました。また、見ず知らずの方たちからも、新聞広告を見たということで励ましのお手紙をいただいたりもしました。「遠くから新幹線に乗って猫を捜しに来て、大変だったたね」と私に気を遣ってくださり、思いやりの言葉をかけてくださいました。

自然豊かな中で、人々の心も豊かで、都会の人たちにはない素朴なお人柄に感銘を受けました。まだまだ日本も捨てたものではないと思いました。

山口のみなさん、ありがとう

こうしてまた三匹の猫たちとの生活を取り戻すことができ、それからしばらくは幸福な毎日が続きました。

ところが平成十四年四月に、チャコちゃんが腎臓疾患にかかり、食事療法をしていたのですが、最終的には動物病院に入院することになりました。抗ガン剤の点滴を受けたり、インシュリンを注射したりして四ヵ月ほど頑張りましたが、とうとう亡くなってしまいました。

放浪生活で親切なお宅に保護され、無事に私のところに戻ってくることができ、落ち着いた生活を送っていましたが、ここで力尽きてしまったのです。

けれど、チャコちゃんがオス猫として我が家でまだ優位に立っていた頃、ミーちゃんがチャコちゃんの目を盗んで、マリオちゃんとさかってしまっていました。私もうっかりしていました。そして、ミーちゃんはマリオちゃんの子どもを身ごもったの

です。
生まれた子猫たちの中の一匹をマリア（メス）と名付け、我が家の四匹目の猫になりました。他の子猫たちは、欲しいと言ってくださった方にもらっていただきました。
それからさらに月日が流れ、平成二十一年九月に、今度はマリオちゃんが糖尿病にかかり、インシュリン注射をしながら療養しましたが、平成二十二年五月に亡くなってしまいました。
車の事故のとき、毛布の陰になっていた後部座席の足元に隠れていて、事故発生から十時間以上も車の中に残っていて無事発見され、私の元に戻った猫です。ひときわ私になついていた猫で、私が仕事から疲れて帰ってくると、私のお腹の上に乗って猫マッサージをしてくれたものでした。

現在、我が家に残っている猫はミーちゃんと、亡きマリオちゃんの子のマリアちゃんだけです。私が生きている限り、この二匹を可愛がっていこうと思います。

数年前に防府が大変な豪雨に見舞われて、介護施設に大量の雨水が流れ込み、施設に入所されているお年寄りが被害にあわれました。このニュースに、私はとても心が痛みました。どうしても防府に関係するニュースには関心を持ってしまいます。離れた場所に住んでいますが、私の心はいつも防府のほうに向いています。

防府のみなさん、ありがとう。

著者プロフィール

はっとり みちこ

1949年生まれ、福岡県出身、埼玉県在住。

埼玉から山口へ 猫捜しの旅 防府のみなさん、ありがとう

2015年3月15日 初版第1刷発行

著　者　はっとり みちこ
発行者　瓜谷 綱延
発行所　株式会社文芸社
〒160-0022 東京都新宿区新宿1－10－1
電話 03-5369-3060（編集）
03-5369-2299（販売）

印刷所　広研印刷株式会社

ISBN978-4-286-16034-4